Friedrich   Blass

Einiges aus der Geschichte der Astronomie im Altertum

Rede zur Feier des Geburtstags seiner Majestät des Deutschen Kaisers

Friedrich Blass

Einiges aus der Geschichte der Astronomie im Altertum
Rede zur Feier des Geburtstags seiner Majestät des Deutschen Kaisers

ISBN/EAN: 9783337199104

Hergestellt in Europa, USA, Kanada, Australien, Japan

Cover: Foto ©Thomas Meinert / pixelio.de

Weitere Bücher finden Sie auf **www.hansebooks.com**

Einiges

aus der

Geschichte der Astronomie im Alterthum.

Rede

zur

Feier des Geburtstages Sr. Maj. des Deutschen Kaisers Königs von Preussen

Wilhelm I.

gehalten

an der Christian-Albrechts-Universität

am 17. März 1883

von

Dr. Friedrich Blass

ordentlichem Professor der classischen Philologie.

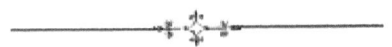

Kiel 1883.

Zu haben in der Universitäts-Buchhandlung.

Druck von Schmidt & Klaunig.

Hochansehnliche Versammlung!

Auch uns vereinigt heute die sechsundachtzigste Wiederkehr des Geburtstagsfestes unsres erhabenen Kaisers und Königs, die in wenigen Tagen bevorsteht. Allüberall im deutschen Reiche und weit jenseits der Grenzen desselben, wo nur überhaupt Menschen deutschen Stammes und deutscher Sprache beisammen sind, gedenkt man in diesen Tagen mit Freude und Stolz des Begründers des deutschen Reiches. Und es ist gut, dass jährlich eine Zeit wiederkehrt, die zu diesem Gedenken auffordert und den Anlass dazu giebt, damit nicht die Gewohnheit uns abstumpfe und uns das als alltäglich und gewöhnlich erscheinen lasse, was doch nimmermehr gewöhnlich ist. Wir alle, die wir die grossen Ereignisse der letzten Decennien, seitdem dieser Herrscher den Thron seiner Väter bestieg, mit Bewusstsein durchlebt haben, müssen es uns immer wiederholen: wir sind begünstigt vor vielen andern Geschlechtern. Nicht bloss, weil wir das haben in Erfüllung gehen sehen, was die Hoffnung und die Sehnsucht unsrer Väter und Grossväter war, sondern auch weil es etwas besonderes ist, mitbetheiligter, wenn nicht gar mitwirkender Zeuge grosser Dinge und mitlebender Genosse grosser Männer zu sein. Gleichwie jetzt unser Volk, in den altangestammten Provinzen wenigstens, immer noch in den Erinnerungen an Friedrich den Grossen lebt, und dieser Fürst mit seinen Generälen, einem Seydlitz, Ziethen und so fort, dem gewöhnlichsten Manne vertraute und geliebte Gestalten sind, so wird in kommenden Zeiten in den alten und in den neuen Provinzen, ja vielmehr in ganz Deutschland, Kaiser

Wilhelm I. mit seinen Prinzen und seinen Genossen, einem Grafen Moltke, Grafen Roon, Fürsten Bismarck, für Hoch und Niedrig ein geliebter Gegenstand gewohnter Unterhaltung und, im Bilde, des verehrenden täglichen Anschauens sein. Billig also dürfen wir mit Stolz uns freuen, dass diese Gestalt für uns nicht nur in der Erinnerung lebt, und müssen nicht am wenigsten auch die Gnade dankbar preisen, dass die Fülle der Jahre das Haupt unsres allverehrten Kaisers und Königs noch nicht gebeugt hat. Denn wenn wir in die Geschichte blicken, so finden wir auch dies soweit entfernt gewöhnlich zu sein, dass es eher beispiellos ist. Gerade der heutige Tag bringt uns die Grösse dieser Gnadengabe recht zum Bewusstsein.

Hochverehrte Anwesende! Die Universitäten, als die Pflegerinnen der Wissenschaft, und nicht zum wenigsten unsre Christian-Albrechts-Universität, haben noch ganz besondre Ursache zum Dank und zur Freude. Was unsre Universität dem deutschen Reiche und seinem erhabenen Begründer verdankt, steht zum Theil sichtlich vor unsern Augen. Das neue deutsche Reich hat sich alsbald angeschickt, auch die deutsche Wissenschaft in allen ihren Theilen zu pflegen und zu fördern. Zwar ist die Wissenschaft international, aber eben darum ein Gegenstand edlen Wettstreites unter den Nationen, und wenn wir Deutschen schon vorher, ehe wir ein geeinigtes Volk wurden, viel Ruhm und Ehren in diesem Wettstreite erlangt haben, so ziemt es sich jetzt vollends, nicht zurückzubleiben. So waren denn auch im verflossenen Jahre, durch die Fürsorge der Regierung Sr. Majestät, die deutschen Schiffe und die deutschen Männer der Wissenschaft auf den fernsten Punkten des Erdballs zur Stelle, als es galt, die seit mehr als zweitausend Jahren von der Wissenschaft gesuchte Entfernung des Himmelskörpers, von dem die Erde ihr Licht und ihre Wärme empfängt, durch Beobachtung des Venusdurchganges endlich genau zu ermitteln. Es entspricht dem Gebrauche bei Feierlichkeiten, wie die heutige, wenn ich an dies vielbesprochene Ereigniss des letzten Jahres eine kurze rückschauende Betrachtung anknüpfe. Die Wissenschaft ist wohl immer in rastlosem Vordringen zur Erforschung der Geheimnisse der Natur und des Geistes begriffen, aber daneben ist sie ebenso bestrebt, nach rückwärts die Verbindung mit den vergangenen Geschlechtern zu erhalten und deren Arbeit und Thun sich zu vergegenwärtigen. Wie der einzelne Mensch die Erinnerungen aus seinem Einzelleben pflegt, so die Wissenschaft die aus dem Gesammtleben der ganzen Menschheit.

Eine solche rückschauende Betrachtung der Entwickelung der astronomischen Wissenschaft muss nun, wenn sie bis an die Anfänge reichen will, über die Grenzen der christlich-europäischen Cultur weit zurückgehen. Denn die Astronomie ist älter als diese und zeigt schon durch ihre Namen und Kunstausdrücke, dass sie von andern Nationen und Zeiten her überliefert worden ist. Ausdrücke wie Zenith, Sternnamen wie Aldebaran sind arabisch; Sirius und Orion und die ganze Menge der mythologischen Figuren am Himmel, und dazu Bezeichnungen wie Pol, Ekliptik und so fort, sind griechisch, ebenso der Name der Wissenschaft. Neben diesen Spuren, welche die Griechen und die sie ablösenden Araber hinterlassen haben, zeigt die Fülle lateinischer Bezeichnungen, als Äquator, Meridian, Venus, dass die Römer auch in dieser Beziehung die Übermittler der griechischen Wissenschaft an das Abendland geworden sind. Diese lateinischen Bezeichnungen sind eben aus dem Griechischen übersetzt, gleich wie andre deutsche, als z. B. Tag- und Nachtgleiche, aus dem Lateinischen übersetzt sind; gehen wir nun aber noch weiter zurück, so finden wir, dass wie die lateinischen

Planetennamen Übersetzungen aus den griechischen Götternamen, so auch diese griechischen selbst wieder Übersetzungen sind, und dass wir mit den Griechen noch nicht die ersten Anfänge erreicht haben. Diese sind vielmehr bei den orientalischen Nationen, den Ägyptern und Chaldäern, und zumal bei den letzteren, denen in der That ein keineswegs geringer Bestand verdankt wird. Die Namen der Planeten sind ursprünglich die babylonischer Götter, an deren Stelle die Griechen entsprechende aus ihrer eigenen Götterlehre setzten; daher sind dann auch, durch weitere Übersetzung aus einer Sprache in die andere, die Namen unsrer Wochentage gekommen. Babylonisch ist auch die Eintheilung des Thierkreises in 12 Zeichen und die Benennung dieser Zeichen; die Eintheilung des Tages in zweimal zwölf Stunden, statt in irgend welche andre Zahl, und die der Himmelskreise in sechsmal 60 Grade und des Grades in 60 Minuten; überall herrscht hier die Zahl sechs mit ihren Produkten, wie vor Tausenden von Jahren so noch heute. Und doch dürfte man nicht wohl von einer eigentlichen Wissenschaft der Astronomie bei den Chaldäern reden. Ich las kürzlich den Ausspruch eines bedeutenden Mathematikers, dass die Naturwissenschaften überhaupt nur in dem Masse wirklich als Wissenschaft gelten könnten, als sie mathematisch geworden seien. Ob nun dies bei den anderen Naturwissenschaften zutrifft, kommt mir nicht zu zu entscheiden; unbestreitbar aber gilt es von der Astronomie. Auch genügt nicht das Zählen und Rechnen, welches die Chaldäer auf Grund jahrhundertelanger Beobachtung zur Bestimmung der Umlaufszeiten der Planeten handhaben. Das war wohl Material für wissenschaftliche Astronomie, aber nicht diese selbst, und die Chaldäer sind mit ihren Mitteln und ihrer Methode nicht einmal zu der Erkenntniss gekommen, dass die Erde eine Kugel ist. Was sie aufbauten und ausbildeten, war vielmehr die Pseudowissenschaft der Astrologie, vermöge deren sie freilich einen merkwürdigen Einfluss nicht nur auf Griechen und Römer, sondern indirekt auch auf die modernen Nationen bis ins 17. Jahrhundert ausgeübt haben. Mit Recht also sagt ein Schüler Platons, dass die Griechen hier wie sonst zwar die Anregungen und Anfänge von den Barbaren überkämen, aber das Empfangene dann viel schöner auszugestalten wüssten. Die Chaldäer blieben in der Astrologie stecken, die wissenschaftliche, mit der Mathematik aufgebaute Astronomie ist, wie die Mathematik selbst, eine Schöpfung der Griechen.

Freilich erst sehr allmählich und niemals ganz hat auch dies begabteste Volk des Alterthums sich von kindlichen und abergläubischen Vorstellungen über die Weltkörper zu befreien vermocht. Nicht früher als etwa im 4. Jahrhundert v. Chr., in der Zeit Platons, beginnt zugleich die Mathematik und eine auf sie gegründete Astronomie einen grösseren Aufschwung zu nehmen. Damals sind es zwei Schulen, die sich die Ausbildung dieser Wissenschaften angelegen sein lassen: in Athen die des Platon, in dem griechischen Unteritalien und Sicilien die der Pythagoreer. Auf die letzteren wird die Aufstellung des Hauptproblems der alten Astronomie zurückgeführt, welches sie so fassten: was für gleichmässige und kreisförmige Bewegungen man vorauszusetzen habe, um den thatsächlichen Erscheinungen am Himmel gerecht zu werden. Wir können hier tadeln, dass das Problem zu früh gestellt sei, vor genügender Feststellung der thatsächlichen Erscheinungen, und ferner, dass die Lösung ungehöriger Weise durch zwei Bedingungen präjudicirt wurde, nämlich durch die geforderte Gleichmässigkeit und Kreisförmigkeit der Bewegungen. Es haben sich aber sämmtliche Astronomen des Alterthums und auch die der Neuzeit bis zu Kepler an diese Bedingungen gebunden; selbst letzterer hat erst spät und mit Widerstreben die kreisförmige Bewegung aufgeopfert. Bei den Alten nun hängt diese Forderung mit ihrer Religion zusammen. Denn während der Christ in den Dingen am Himmel nur eine Schöpfung sieht, welche mit der Erkenntniss zu beherrschen er sich berufen fühlt, erblickte die antike Menschheit, Schöpfer und Schöpfung vermischend, in der Sonne und den anderen Himmelskörpern sowie auch in der Erde etwas unmittelbar Göttliches, einen Gegenstand religiöser Verehrung. Ein Mann wie Platon will den Atheismus bezwingen durch den Hinweis auf die »sichtbaren Götter«, d. i. Sonne, Mond und Sterne, und die materialistische Schule des Epikur weiss diese beunruhigende Götterfurcht nicht anders fernzuhalten als indem sie, mit dem ihr eignen Dogmatismus, aller Mathematik zum Trotz auf das Dogma schwor, dass die Sonne nicht grösser sei als sie scheine, d. h. etwa einen Fuss breit. Erst das Christenthum hat dem Menschen die Freiheit von der Natur und die Herrschaft über sie zurückgegeben. Wenn nun aber, gemäss der antiken Auffassung, die Gestirne Götter waren, so schickte sich für sie nur eine ganz gleichmässige Bewegung, und ferner keine andre als die allerregelmässigste und einfachste, nämlich die Kreisbewegung. Man wird über diesen Grundirrthum der antiken Astronomie billiger urtheilen, wenn man bedenkt, dass an den scheinbaren Unregelmässigkeiten der Planetenbewegung, welche die Alten als nothwendig bloss scheinbar voraussetzten, der überwiegend grösste Theil wirklich bloss scheinbar ist, und dass der erste Fortschritt jedenfalls in der Erkenntniss dieses trüglichen Scheines bestehen musste.

Nachdem nun in der pythagoreischen und demnächst auch in der platonischen Schule das astronomische Problem so gestellt war, entstand ein Eifer es zu lösen, der die ganze Frische einer jungen Wissenschaft zeigt. Man ging dabei im allgemeinen, wie auch natürlich war, von der Annahme aus, dass das Ruhen der Erde kein blosser Schein sei, dass also der Himmel sich bewege. Über die Kugelgestalt der Erde war man sich damals schon fast oder völlig einig; um diese Kugel herum nun dachte man sich andre Kugeln gelegt, zunächst die, mit der sich der Mond bewege, dann weiter die Kugeln oder Sphären der Planeten, worunter auch der Sonne, und schliesslich alle umfassend die Sphäre des Fixsternhimmels. Diese letztere bewege sich, alle eingeschlossenen Sphären mit sich reissend, alle 24 Stunden einmal von Osten nach Westen um die Weltachse herum; die eingeschlossenen Sphären aber hätten ausserdem jede ihre eigenthümliche Bewegung, in entgegengesetzter Richtung und um eine anders liegende Achse, die der Ekliptik. Von diesen Annahmen nun, die im ganzen Alterthum herrschend geblieben sind, war keine in dem Masse unwahrscheinlich und unglaublich, wie die tägliche Bewegung des Fixsternhimmels, zumal da man schon früh mehr und mehr den ungeheuer weiten Abstand der Himmelskörper zu ahnen begann. Und ferner lag doch auch die Überlegung nahe, dass man den thatsächlichen Erscheinungen durch die Annahme einer täglichen Umdrehung der Erde um ihre Achse nicht minder gerecht werden könne. Wirklich ist diese Ansicht sowohl in der pythagoreischen wie in der platonischen Schule aufgestellt worden, in letzterer von Herakleides dem Pontiker; aus ersterer werden die Syrakusier Hiketas und Ekphantos genannt, bei denen, und speziell bei Hiketas, auch die Priorität zu suchen ist. Andere Pythagoreer hatten eine eigenthümliche Lehre von einem uns stets unsichtbaren Centralfeuer, um welches Erde, Sonne und Planeten kreiseten; die tägliche Umdrehung des Himmels wurde auch hierdurch beseitigt. Platon selbst gebraucht an einer Stelle von der Erde, die er in den Mittelpunkt des Weltalls setzt, einen mehrdeutigen Ausdruck, den man schon im Alterthum auf Achsendrehung bezogen hat: aber da er daneben unzweideutig die Drehung des Himmels lehrt, so ist für Achsendrehung in seinem System keine Stelle. Aristoteles aber sucht jegliche Bewegung der Erde als unstatthaft nachzuweisen, aus Gründen der äusserst mangelhaften antiken Physik, welche auf die Entwickelung der Astronomie einen sehr üblen Einfluss ausgeübt hat. Indem man sich die Welt als einheitliches Ganzes aus den vier oder fünf Elementen construirte, wies man denselben ihren Platz je nach der Schwere näher dem Mittelpunkte oder ferner von demselben an; also musste die Erde in der Mitte sein, die Gestirne aber, welche von dieser fern und ferner kreiseten, aus den leichtesten Elementen, dem Feuer und Äther, bestehen. Und auch gegen eine Achsendrehung der Erde hat Aristoteles seine physikalischen Gründe. Es waren überhaupt wahre Berge von Vorurtheilen zu überwinden, und das Verwunderliche ist schliesslich nicht, dass man im allgemeinen sich nicht entschloss die Erde zu bewegen, sondern dass Einzelne doch trotz aller Vorurtheile dies thaten. Von demselben Herakleides und den Pythagoreern lesen wir auch, dass sie den Mond und die Sterne für besondre Welten gleich der Erde hielten, jeden wie diese von seiner Atmosphäre umschlossen, und von Herakleides allein, dass er wenigstens zwei der Planeten, den Merkur und die Venus, nicht um die Erde, sondern um die Sonne kreisen liess. Das sich hieraus ergebende Weltsystem, nicht unähnlich dem zur Vermittelung zwischen dem antiken und dem coppernicanischen von Tycho de Brahe aufgestellten, nannte man sonst wohl das ägyptische, indem man die Stelle eines späten lateinischen Autors dahin missverstand, als hätten die Ägypter dies gelehrt. Es findet sich aber bei einem andern späten Lateiner dies System ohne weiteres als das richtige vorgetragen, woraus zu schliessen, dass dasselbe auch nach Herakleides Vertreter gefunden hat; denn es ist gleich undenkbar, dass jener Autor es aus sich erfunden, wie dass er es aus dem alten Herakleides entnommen hätte. Die Sache ist die, dass diese beiden inneren Planeten aus sehr einfachen Gründen sich immer nahe der Sonne zeigen, weswegen auch, bei der anscheinend mit der Sonne gleichen Umlaufszeit, die Vertreter des gewöhnlichen Weltsystems fortwährend stritten, ob die Sonne oder diese Planeten, und ob Merkur oder Venus höher stehe. Herakleides' Aufstellung also bildet den Anfang des die Sonne ins Centrum setzenden, sogenannten heliocentrischen Systems, welches bald seine vollere Ausbildung erhalten sollte.

Aristoteles' zweiter Nachfolger in der Leitung der von ihm gegründeten philosophischen Schule war Straton von Lampsakos, der Physiker genannt, weil er diesen Theil der Philosophie besonders pflegte. Er wich dabei von der aristotelischen Lehre wesentlich ab, nach der Seite des Materialismus, indem er an die Stelle des göttlichen Baumeisters der Welt den Zufall setzte, der den ersten Anstoss zur Bewegung der Materie und zur Entwickelung der in ihr wohnenden Kräfte gegeben. Von diesem Standpunkte aus konnte er auch die Dinge am Himmel etwas vorurtheilsfreier betrachten, als das einem Platon oder Aristoteles möglich war, und so wird es wohl nicht zufällig sein, dass aus seiner Schule ein Mann hervorging, der die Kühnheit hatte, zur Erklärung der thatsächlichen Erscheinungen die der gewöhnlichen entgegengesetzte Hypothese aufzustellen. Es war dies Aristarchos von Samos, dessen Blüthe ungefähr 280-270 v. Chr. fällt; er lebte vielleicht in Alexandria, wo auch Straton eine Zeitlang als Prinzen-Erzieher sich aufhielt. Denn nicht in Athen und überhaupt nicht in dem griechischen Mutterlande, dessen geistige Produktionskraft nachgerade fast erloschen war, sondern in den alten und neuen griechischen Gründungen im Osten und Westen, als Alexandria, Rhodos, Syrakus, sind fortan die Hauptstätten der Wissenschaft, Literatur und Kunst zu suchen. Aristarch's Schrift nun, in der er diese Hypothese voranstellte, ist verloren, und auch die Nachricht davon war dem Coppernicus noch nicht bekannt, während derselbe von Hiketas' und Herakleides' Achsendrehung durch Autoren, wie Cicero, Kunde hatte, und auch von einem Systeme, wonach wenigstens die Planeten sich um die Sonne drehten. Wenn umgekehrt Aristarch's Schrift erhalten, oder doch das Wissen von ihr lebendig geblieben wäre, so würden wir wohl unzweifelhaft unser Weltsystem nicht das coppernicanische, sondern das aristarchische nennen. Nun aber sind nicht einmal die Einzelheiten der Aufstellung vollständig überliefert, noch auch Titel und Inhalt der gesammten Schrift mit Sicherheit zu ermitteln. Dass Aristarch die neue Meinung in der Form der Hypothese brachte, war nach der ursprünglichen Fassung des Problems ganz selbstverständlich; bewiesene Wahrheit ist sie überhaupt erst spät geworden. Bestimmt bezeugt wird, dass er die Erde sowohl um ihre eigene Achse, als um die Sonne sich bewegen liess; um die Erde kreisete der Mond, aus dessen gelegentlicher Stellung zwischen Erde und Sonne Aristarch gleich den Vertretern des gewöhnlichen Systems die Verfinsterungen der Sonnenscheibe erklärte; von den Planeten hören wir nichts, indess versteht sich von selbst, dass er auch diesen eine Bewegung um die Sonne zutheilen musste. Diese bildete ihm das unbewegliche Centrum der Welt; unbeweglich war auch der das Centrum und die Erdbahn umschliessende Fixsternhimmel. Um aber dem Einwurfe zu begegnen, den schon Aristoteles gegen eine Fortbewegung der Erde vorbringt, dass nämlich dann die Fixsterne den Ort ihres Erscheinens periodisch wechseln müssten, nahm er alsbald den Satz in seine Hypothese auf, dass sich die gesammte Erdbahn zu der Sphäre der Fixsterne nur wie der Mittelpunkt zur Oberfläche der Kugel verhalte. Der grosse Archimedes, der uns dies mittheilt, nimmt an der Form dieses Satzes Anstoss, da doch der Mittelpunkt gar keine Grösse und folglich auch kein Verhältniss zur Oberfläche habe; er kann sich aber offenbar auch in die grossartige Kühnheit der Anschauung nicht finden, nach welcher nicht nur Erde, nicht nur Sonne, sondern auch die ganze Bahn der ersteren um die letztere zu einem unmessbaren Punkte wird, wenn man die Abstände der Fixsterne vergleicht. Archimedes, der sich mit Astronomie nur zum geringsten Theil beschäftigte und die richtige Erkenntniss haben mochte, dass vor weiterer Ausbildung der Mathematik und vor weiterer Ansammlung genauer Beobachtungen eine sichere Construction der Himmelserscheinungen nicht möglich sei, spricht sich über die gesammte Hypothese weder billigend noch missbilligend aus; Andern aber gab sie grossen Anstoss. Wir lesen eine Äusserung des stoischen Philosophen Kleanthes, Aristarch müsse vor dem Gerichte aller Hellenen des Religionsfrevels angeklagt werden, weil er den Heerd der Welt verrücke, die unbewegliche Erde nämlich, welche nach der alten Anschauung der feste Mittelpunkt der Welt, wie der Heerd und seine Personifikation, die Göttin Hestia, der des Hauses war. Man muss aber wegen dieses hyperbolischen Ausdrucks der Entrüstung nur nicht meinen, dass ein wirklicher Prozess gegen Aristarch dazumal überhaupt möglich gewesen sei. Wohl waren die überlieferten Anschauungen in den Gemüthern der Gebildeten wie der Ungebildeten mächtig und unbezwinglich; aber hiervon war nur das die Folge, dass Aristarch trotz seines sehr hohen Ansehens als Astronom seiner Hypothese nicht Eingang verschaffen konnte. Das heliocentrische System hat unseres Wissens nachher nur noch einen Vertreter gehabt, den Seleukos aus Babylonien, einen Mann chaldäischer Herkunft, aber griechisch gebildet, dessen Zeit man um die Mitte des 2. Jahrhunderts v. Chr. setzen kann. Er stellte die Bewegung der Erde um die Sonne nicht bloss als Hypothese, sondern als Thatsache hin und benutzte sie zur Erklärung der Erscheinungen von Ebbe und Fluth, in einer eigenthümlichen, unsern Einsichten allerdings nicht entsprechenden Weise.

Wir sehen also, dass die Erkenntniss des Weltsystems im Alterthum gewissermassen eine rückläufige Bewegung nimmt, soweit dass bei Ptolemäus, dessen Almagest sozusagen das Facit der gesammten astronomischen Leistungen des Alterthums darstellt, die heliocentrische Hypothese nicht einmal mehr bekämpft, noch überhaupt erwähnt wird. Jedes Zeitalter und jedes Volk hat sein bestimmtes Mass von Erkenntniss, welches es erreichen soll und erreicht; für die antike Welt war hier die Grenze, innerhalb deren indess auch nach Aristarch noch ausserordentlich viel geleistet worden ist. Denn auch das rechne ich unter die Leistungen, dass das gewöhnliche Weltsystem gerade durch die höchst vollkommene Ausbildung, die es unter den Händen grosser Astronomen erfuhr, in seiner Unhaltbarkeit und Unmöglichkeit aufgewiesen wurde; es war ja auch in der Ordnung, dass man die zunächstliegende Annahme der ruhenden Erde vorläufig festhielt und nun gründlich untersuchte, ob man damit zur Erklärung der thatsächlichen Erscheinungen auskommen konnte. Diese zur Erklärung zu bringenden Erscheinungen bestehen nun nicht nur in dem scheinbaren Stillstehen und Rückwärtsgehen der Planeten, sondern auch in der Ungleichheit der Zeitabschnitte, in denen die Sonne die vier vollkommen gleichen Abschnitte, in die man ihre Bahn im Thierkreise zerlegt, zu durchlaufen scheint. Zur Erklärung der Planetenbewegung stellte Plato's Schüler, der bedeutende Astronom und Mathematiker Eudoxos, und nach ihm zu Aristoteles' Zeit Kallippos von Kyzikos ein System von vielen um denselben Mittelpunkt liegenden Sphären auf, jede mit ihrer eigenthümlichen Bewegung; die

Planeten und ebenso Sonne und Mond waren jeder in einer dieser ziemlich solide gedachten Sphären befestigt, es gehörten aber ausserdem zu jedem noch mehrere sogenannte sternlose Sphären, um die den Planeten tragende herumliegend. Es entstand somit ein höchst complicirtes System von Bewegungen, indem jede dieser äusseren Sphären des Planeten auf die inneren einwirkte und ihre Bewegung auf diese übertrug, und die innerste, den Planeten tragende schliesslich die Bewegungen aller anderen und ihre eigne in sich vereinigte. Aber man erkannte bald, dass dieser Weg ein heilloser und hoffnungsloser Irrweg sei, zumal da eine Art von Unregelmässigkeit schlechterdings ohne Erklärung blieb, die nämlich, dass der Mond und die Planeten Mars und Venus augenfällig in ihrer scheinbaren Grösse, d. i. in ihrer Entfernung vom Mittelpunkte wechseln. So verfielen denn die Astronomen nach Kallippos und vielleicht schon vor ihm auf eine andere Art der Erklärung. Sie gaben nämlich den gemeinsamen Mittelpunkt der Bahnen auf, und theilten jeder Planetenbahn einen besondern, von dem Mittelpunkte der Welt, d. i. der Erde, mehr oder weniger weit abliegenden Mittelpunkt zu; mit andern Worten, sie liessen Sonne, Mond, Planeten sich in excentrischen Kreisen um die Erde bewegen. Somit mussten denn die Weltkörper dieser bald näher, bald ferner zu stehen kommen und darnach bald grösser, bald kleiner erscheinen, und auch jene Unregelmässigkeit der Sonne, dass sie gleiche Abschnitte ihrer scheinbaren Bahn in ungleichen Zeiten durchläuft, erhielt auf diese Weise ihre vollkommen befriedigende Erklärung. Denn wenn die wirkliche Bahn der Sonne eine andere, der Erde hier näher, dort ferner liegende ist, so sind auch die scheinbar gleichen Abschnitte der Bahn in Wirklichkeit ungleiche, und die Sonne wird, ohne in Wahrheit ihre Schnelligkeit zu steigern oder darin nachzulassen, doch als schneller laufend erscheinen, wenn sie die in Wirklichkeit kürzere Strecke durchläuft, und umgekehrt als langsamer laufend, wenn sie sich durch die längere Strecke bewegt. Für die Sonne, d. h. thatsächlich für die Bewegung der Erde um die Sonne, hat sich denn auch das nachfolgende Alterthum im ganzen bei dieser Erklärung durch den excentrischen Kreis beruhigt, welche ja auch mit der Keplerschen durch die elliptische Bahn eine gewisse Ähnlichkeit hat. Es war allerdings völlig unerfindlich, weshalb denn die Sonne sich nicht um den Mittelpunkt der Welt, sondern um einen von diesem ziemlich entfernten Punkt, der ganz im freien Raume lag, bewege; aber um die physikalische Erklärung kümmerten sich die Astronomen wenig, da sie laut dem ursprünglichen Problem nur zu untersuchen hatten, durch was für gleichmässige und kreisförmige Bewegungen sich die thatsächlichen Erscheinungen erklären liessen. Auch Kepler hat für die von ihm construirten Bewegungen die physikalische Erklärung noch nicht gegeben, sondern erst Newton; der erhebliche Unterschied ist ja freilich, dass sich das Kepler'sche System physikalisch begründen liess, das der excentrischen Kreise nimmermehr. Indess auch die Alten waren mit diesem Systeme noch keineswegs am Ende ihrer Mühen. Denn die Bewegungen der mit der Erde um die Sonne kreisenden Planeten, und die des die Erde begleitenden Mondes erscheinen ganz erheblich complicirter, und diese Erscheinungen wurden nun den Griechen mehr und mehr bekannt, theils durch die fortgesetzte eigne Beobachtung, theils indem ihnen, von den Zeiten Alexanders des Grossen ab, die vielhundertjährigen babylonischen Beobachtungen zugänglich wurden. Es kam auch das dazu, dass durch eine Reihe von Erfindungen die Instrumente zur Beobachtung sich etwas vermehrten und verbesserten, so ungeheuer weit auch gerade hier der Abstand zwischen der modernen Verfeinerung und Präcision und den antiken Anfängen geblieben ist. Ferner sind sehr wesentlich die im 3. und

2. Jahrhundert v. Chr. gemachten ausserordentlichen Fortschritte der Mathematik. So kam man denn zur Erklärung der Bewegungen noch auf eine andere Construction, die der sogenannten Epicykeln. Thatsächlich ist die Bewegung des Mondes eine derartige, dass er um die kreisende Erde selber herumkreist; nicht unähnlich der eines Punktes auf einem kleinen Maschinenrade, welches an dem Rande eines sich drehenden grösseren befestigt ist und nun theils mit diesem gedreht wird, theils daneben noch seine eigene Bewegung hat. Die Alten nun construirten sich die Bewegung des Mondes so, dass er um einen Punkt seiner Bahn, dieser Punkt aber mit dem kreisenden Monde sich um die Erde bewege; sie dachten sich die Erde gleichsam inmitten jenes grossen Rades, sagen wir an der ruhenden Achse befestigt, und zwar auch nicht gleich weit von den Punkten des Umfangs entfernt, den Mond aber am Umfange des kleinen Rades, und sie nannten nun dies kleine Rad oder vielmehr den entsprechenden Drehungskreis den Epicykel. Es ist begreiflich, dass man beim Monde mit einer solchen Construktion einigermassen auskam, da sie den Thatsachen entspricht, sowie man an Stelle der Erde die Sonne, die Erde aber in das bei den Alten leere Centrum des kleinen Kreises setzt. Bei den Planeten aber langte weder diese Erklärung noch irgend eine andre zu, so dass hieran, trotz aller scharfsinnigen Versuche, das antike System mit der ruhenden Erde zu Schanden geworden ist. Der grösste aller Astronomen des Alterthums, Hipparchos, hat dies indirekt auch selber anerkannt, indem er bei den Planeten auf eine eigne Erklärung verzichtete, und sich auf den Nachweis der Unhaltbarkeit der bisherigen Erklärungen beschränkte. Hipparchos, von dessen zahlreichen Schriften leider nur eine einzige, noch dazu eine mehr populäre und wissenschaftlich nicht bedeutende erhalten ist, stammte aus Nicäa in Bithynien, lebte aber nachher theils, wie es scheint, in Alexandrien, theils und vornehmlich auf Rhodos; seine

astronomischen Beobachtungen lassen sich von 161-126 v. Chr. verfolgen. Das Schicksal der griechischen Wissenschaft war, dass er keinen Nachfolger in seinem Werke fand, ausser dreihundert Jahre später den Claudius Ptolemäus, der seinen Almagest grösstentheils mit Hipparch's Methoden und mit Hipparch's Beobachtungen herstellte. Mit dem zweiten Jahrhundert v. Chr. nämlich ging nicht nur die politische Blüthe der griechischen und halbgriechischen Staaten des Ostens allenthalben zu Ende, sondern auch die frische und Neues erzeugende Kraft der griechischen Wissenschaft und überhaupt des griechischen Geistes. Die Zeit der Kaiser, besonders derer am Anfange des zweiten Jahrhunderts n. Chr., brachte nur noch eine Nachblüthe, der auch Ptolemäus angehört. Hipparch nun verfasste, um nur Einiges anzuführen, ein ausgedehntes Werk über Trigonometrie, deren er bei seinen Berechnungen vor allem bedurfte; ferner eine Schrift über die genaue Länge des Sonnenjahres, eine andre über die genaue Dauer des Mondumlaufes, sodann, wie wenigstens Plinius sagt, eine Tabelle der Sonnen- und Mondfinsternisse, auf sechshundert Jahre für eine Reihe von Örtern der Erde vorausberechnet; wiederum, als nothwendige und doch bisher noch fast völlig mangelnde Grundlage für astronomische Beobachtungen, entwarf er eine Himmelskugel und eine Planisphäre, auf denen die Sternbilder und Sterne nach Länge und Breite genau eingetragen waren, und ein Verzeichniss von mehr als 1000 so bestimmten Sternen. Eben dies führte ihn auf seine berühmte Entdeckung der rückschreitenden Bewegung der Tag- und Nachtgleichenpunkte, indem er bei Vergleichung seiner Bestimmungen von Sternen mit einigen wenigen ihm vorliegenden älteren solche Unterschiede fand, die ihm durch die Ungenauigkeit jener älteren Messungen nicht genügend erklärt schienen. Er trug allerdings seine nachmals vollauf bestätigte Theorie nur als Vermuthung vor, und so verfuhr er überall, wo ihm das Material einschliesslich seiner eignen Messungen noch nicht den wünschenswerthen Grad von Genauigkeit und Zuverlässigkeit zu haben schien. Denn neben dem unermüdlichen Fleisse und der Genauigkeit und Sorgfalt, die so weit ging, wie sie mit jenen Instrumenten der Alten nur immer gehen konnte, wird ihm besonders seine Wahrheitsliebe nachgerühmt, jene nämlich, die den Unterschied zwischen Hypothesen und erwiesenen Thatsachen, unbeirrt durch Eigenliebe, nicht verkennt und nicht verwischt, sondern im Gegentheil immer hervorkehrt, und die ganz gewiss eins der entschiedensten Kennzeichen echter Wissenschaftlichkeit ist. Eben als Mann der Wissenschaft liess er auch, wie es scheint, die Construktionen der Philosophen, die sich dazumal vermassen überall die Ursachen und die letzten Gründe höchst ungenügend festgestellter Erscheinungen erkennen zu können, unbeachtet bei Seite, wofür ihm jene mit einem Bedauern seiner mangelhaften Erkenntniss vergolten haben. Dagegen sehen wir aus der erhaltenen Schrift, dass er auch philologisch gebildet war: gleichwie überhaupt die Gelehrten auch noch in jener Zeit eine gewisse Universalität der Bildung anstrebten. Unter seine astronomischen Leistungen gehört nun auch eine Berechnung der Entfernung und der Grösse von Sonne und Mond mit Hülfe der auch heute noch dazu benutzten sogenannten Parallaxe, und damit werden wir wieder auf unsern Ausgangspunkt zurückgeführt. Denselben Gegenstand behandelt die einzige, wenigstens im Auszuge erhaltene Schrift des Aristarch von Samos; aber die Methode ist hier noch eine andre, viel unzulänglichere, und aus der Vergleichung sieht man, welche Fortschritte die Astronomie mit den hundert bis hundertfunfzig Jahren zwischen Beiden gemacht hat. Aristarch schickt seiner Beweisführung sechs Hülfsannahmen voraus, von denen einige auch von der geförderten Astronomie gebilligt wurden, andre aber ganz und gar nicht. So gleich die zweite, dass die gesammte Erde in Vergleich zu der Sphäre, d. i. dem Umlaufskreise des Mondes, sich nur wie ein unmessbarer Punkt verhalte. Hiermit wird nämlich die Parallaxe sogar mit Beziehung auf den Mond, wo sie am allergrössten ist, von vornherein aufgehoben, und der einzig geeignete Weg zur Lösung des Problems versperrt. Die Sache ist die. Wenn wir auf der Erde am fernsten Horizonte, etwa im Norden, einen hervorragenden Punkt haben, einen Kirchthurm z. B., und ferner ungefähr in der Richtung dieses Punktes, nicht allzuweit von uns entfernt, ein Haus oder dergleichen, so ist es klar, dass, wenn wir uns in der Richtung von Ost nach West oder von West nach Ost eine gewisse Strecke fortbewegen, die Stellung des Hauses und des Thurmes zu einander sich verschieben wird, so dass der Thurm bald rechts vom Hause erscheint, bald verdeckt von demselben, bald links hervortretend. Messen wir nun die von uns zurückgelegte Strecke und den Winkel zwischen beiden Gegenständen, wie sie von den beiden Endpunkten aus erscheinen, und zwischen einem Gegenstande und dem etwa durch einen Baum markirten andern Endpunkte der Strecke, so sind wir mittels der Trigonometrie im Stande, die Entfernung der Gegenstände zu berechnen, und aus dem scheinbaren Durchmesser auch den wirklichen Durchmesser. Auf dieselbe Weise nun verschiebt der Mond, wenn wir unsern Standort auf der Erde um eine bedeutende, sagen wir einige hundert Meilen betragende Strecke wechseln, seine Stellung zu den Fixsternen, so dass ein bestimmter Stern bald rechts vom Monde erscheint, bald von ihm bedeckt wird, bald links hervortritt. Darnach ergeben sich Methoden, die Entfernung und Grösse des Mondes zu berechnen, aus seiner Parallaxe, d. i., nach dem ursprünglichen Wortsinne, dem Unterschiede seiner Stellung zu den ferneren Himmelskörpern oder den

Himmelskreisen, welcher durch die besondern Standorte auf der Erde hervorgebracht wird. Ähnlich verhält es sich mit der Sonne, und mit Sonne und Mond zugleich, wenn bei der Sonnenfinsterniss dieser vor jener vorübergeht, und mit Sonne und Venus und sofort. Nur für die Fixsterne ist wegen ihrer ungeheuren Entfernung die Parallaxe gleich Null, und so setzte auch Hipparch im Verhältniss zum Fixsternhimmel die gesammte Erde einem Punkte gleich, durchaus aber nicht im Verhältniss zur Entfernung des Mondes oder der Sonne, sondern hier suchte er die Parallaxe zu finden. Ein andres wichtiges Stück für die Berechnung ist die möglichst genaue Bestimmung des scheinbaren Durchmessers von Sonne und Mond. Hier finden wir nun zu unserm Erstaunen unter Aristarchs Prämissen die, dass der scheinbare Durchmesser des Mondes 2 Grad oder 1/180 der Peripherie des Himmels betrage, d. i. etwa viermal mehr als die richtige Messung ist. Und doch konnte das schon der Augenschein lehren, dass ein Zeichen des Thierkreises, d. i. 1/12 des ganzen Kreises, von 15 nebeneinander gedachten Monden noch lange nicht ausgefüllt wurde, also auch nicht der ganze Kreis von 180. Unser Erstaunen wächst, wenn wir bei Archimedes lesen, dass derselbe Aristarch den scheinbaren Sonnendurchmesser auf 1/2 Grad oder 1/720 des Thierkreises bestimmte, was annähernd richtig ist. Sonne und Mond erscheinen aber ziemlich gleich gross, und nun soll ein Astronom sich eingebildet haben, dass die Sonne viermal kleiner aussähe? Und doch wird jene Prämisse in der Schrift wirklich so benutzt, freilich, was wieder merkwürdig ist, ohne dass die schliesslichen Resultate dadurch verfälscht würden; im Gegentheil, wenn man einen viermal kleineren Werth einsetzt, so bleibt doch, was Aristarch über das Verhältniss von Sonnen-, Erd- und Monddurchmesser und über das Verhältniss der Abstände der beiden Himmelskörper herausrechnet, genau so stehen. Da nun dies durchaus nicht wie Zufall aussieht, so wird man annehmen müssen, dass der Astronom sich über die Falschheit der Prämisse keineswegs täuschte, aber Gründe hatte, doch mit ihr als mit einer gegebenen zu rechnen, da er den Fehler unschädlich fand; in der ursprünglichen, vollständigen Schrift wird ja wohl eine Aufklärung darüber gegeben sein. Ebenso auch wohl darüber, dass er die gesammte Erde als Punkt ansetzte und den Standort des Beobachters mit dem Mittelpunkte der Erde identificirte, während doch aus den übrigen Annahmen und Rechnungen sich ableiten lässt, dass der Erddurchmesser mehr als den 57. Theil der Mondbahn ausmache, der gegenüber er als unmessbar kleine Grösse bezeichnet wird. Aber Aristarch verstand es eben noch nicht, mittelst der Parallaxe selbst zu berechnen, und so strich er sie lieber ganz, um nicht durch sie seine Rechnungen ohne wesentlichen Nutzen complicirt zu machen. Was er nun an sonstigen Methoden und Constructionen hat, ist zwar an sich nicht zu beanstanden und zeigt ausserordentlichen Scharfsinn, reicht aber, auch abgesehen von der Ungenauigkeit der Messungen, zur Gewinnung genügend präcisirter Ergebnisse nicht aus. Immerhin ist in Bezug auf die Grösse des Mondes sein Ergebniss nicht allzufalsch; denn er findet den Durchmesser des Mondes ungefähr dreimal kleiner als den der Erde, während er in der That nahezu viermal kleiner ist. Wie gross er den Erddurchmesser annahm, wird nirgends angedeutet; der berühmte Eratosthenes von Kyrene, der etwa um eine Generation jünger war, berechnete den Erdumfang bereits auf einige 100 Meilen richtig. Bezüglich der Sonne hatte schon Eudoxos erschlossen, dass sie grösser als die Erde sei; von der Wahrheit aber, dass ihr Durchmesser den der Erde um mehr als das Hundertfache übertreffe, blieb das ganze Alterthum noch weit entfernt, und Aristarch setzte wenigstens ein höheres Maass als alle seine Vorgänger, nämlich etwa das Siebenfache des Erddurchmessers. Ebenso, während thatsächlich die Entfernung der Sonne das Vierhundertfache von der des Mondes ist, berechnete Aristarch sie als kleiner denn das Zwanzigfache. Die Entfernung des Mondes aber im Verhältniss zu seinem eigenen Durchmesser ist durch die Bestimmung des scheinbaren Durchmessers alsbald gegeben; also hier kommt bei dem Fehler, der bezüglich des letzteren vorliegt, etwas recht Falsches heraus. Die Späteren, Hipparch und Ptolemäus, erkannten erstlich, dass der Mond durchaus nicht immer gleich weit entfernt sei; sodann massen sie genau den Durchmesser, wie er bei den verschiedenen Abständen erschien, und bedienten sich auch noch weiterer Beobachtungen und Methoden, mit denen sie, und namentlich Ptolemäus, Entfernung und Grösse dieses uns nächsten Himmelskörpers annähernd richtig bestimmten. Die Sonne, bei der die Parallaxe so sehr viel kleiner ist, vermochte Ptolemäus nicht weiter zu entfernen als schon Aristarch im Verhältniss zum Monde gethan; Hipparch aber fand wenigstens das Doppelte dieser Entfernung, und ebenso nahezu den doppelten Durchmesser, nämlich mehr als das Zwölffache des Erddurchmessers, wogegen Ptolemäus auf das 5 1/2fache zurückfiel.

Wir finden vielleicht das von den Alten Erreichte gering, im Vergleich zu dem was wir erreicht haben. Es wäre auch kein gutes Zeugniss für uns, wenn wir nicht solche Fortschritte gemacht hätten. In den dreihundert Jahren seit Coppernicus haben die europäischen Nationen fast alle wetteifernd an dem Ausbau der Wissenschaft gearbeitet; was in Italien oder Deutschland geleistet war, wurde in Frankreich oder England fortgeführt, und so weiter mit beständiger Wechselwirkung. Im Alterthum waren es wesentlich die Griechen allein, welche forschten; ein Römer glaubte viel zu thun, wenn er sich nur die Resultate aneignete. Und dazu waren die Griechen, vollends nach Hipparchs Zeiten, eine

24

abnehmende und erschöpfte Nation. Bis dahin aber war in etwa 300 Jahren der Fortschritt der Erkenntniss ein relativ wohl noch grösserer als der in der Neuzeit; denn dreihundert Jahre vor Hipparch hatte der freieste Denker, Anaxagoras, doch erst zu behaupten gewagt, dass die Sonne grösser als der Peloponnes sei, und auch das war schon eine wissenschaftliche That, gegenüber den kindlichen Anschauungen der anderen damaligen grossen Geister. Die Alten selber haben es gefühlt und ausgesprochen: »Das Volk einer kommenden Zeit wird vieles uns unbekannte wissen; nicht auf einmal erschliesst die Natur ihre Geheimnisse; wir halten uns für Eingeweihte, und stehen doch erst noch an der Thür.« Auch uns möchte immer noch eine gleiche Bescheidenheit geziemen.

Hochverehrte Anwesende! Die Wissenschaft, auch als Ganzes genommen, ist nur eins der Gebiete, welche dem Menschen von seinem Schöpfer zum Anbau zugewiesen sind. Ebenso glänzend wie die Namen der grossen Forscher erscheinen in der Geschichte der Menschheit andre Namen, die der Dichter, der Künstler, die der Gründer und Leiter von Staaten und Nationen, im Kriege und im Frieden. Und es ist nicht einmal das Wissen und die Erkenntniss, so hoch sie zu schätzen sind, das Höchste im Menschen, noch das was ihm seinen eigentlichen Werth verleiht, sondern dies ist sein Wollen und Streben und die Selbsthingabe, und das Thun und die Thaten, welche aus dieser entspringen. Wir haben das hohe Glück, in unserm erhabenen Monarchen eine Persönlichkeit anschauen zu dürfen, deren ganzes Leben und Thun die Selbsthingabe an das Wohl seiner Völker darstellt, und deren Thaten nicht der Kunst eines Geschichtsschreibers bedürfen, um unvergesslich zu sein. Vereinigen wir uns daher am heutigen Tage zu dem Wunsche aus tiefstem Herzen, dass dieses leuchtende Vorbild noch lange unter uns bleibe, ein Schirmherr des Friedens nach aussen und nach innen, ein hochherziger Pfleger jedes edeln menschlichen Strebens. **Gott segne und erhalte unsern allergnädigsten Kaiser und König Wilhelm I. Er lebe hoch!**

www.ingramcontent.com/pod-product-compliance
Lightning Source LLC
Chambersburg PA
CBHW032052260626
47157CB00020B/3176